LES POISONS FOUDROYANTS

APPLIQUÉS A LA

DESTRUCTION DES ANIMAUX NUISIBLES

EMPOISONNEMENT

DES

Renards, Fouines, Putois, Loups, Blaireaux, etc. par Amorces foudroyantes

PAR

LE DOCTEUR BARANDON

de Mende (Lozère).

MACON

IMPRIMERIE GÉNÉRALE X. PERROUX ET Cie

1892

L

8° S
8002

LES
POISONS FOUDROYANTS

APPLIQUÉS A LA

DESTRUCTION DES ANIMAUX NUISIBLES

❖

EMPOISONNEMENT

DES

**Renards, Fouines, Putois, Loups, Blaireaux, etc.
par Amorces foudroyantes**

PAR

LE DOCTEUR BARANDON
de Mende (Lozère).

❖

MACON

IMPRIMERIE GÉNÉRALE, X. PERROUX ET Cⁱᵉ.

—

1892

AVANT-PROPOS

Je pense que celui qui trouverait le moyen de débarrasser l'humanité de toutes les bêtes malfaisantes qui lui disputent encore sur la terre sa juste suprématie, ne lui rendrait pas un mince service ; et je crois que tout homme sérieux, tout vrai chasseur ou simple philanthrope peut, sans ridicule, s'occuper de ce problème dont la solution s'imposera dans un temps plus ou moins rapproché. Déjà, grâce aux perfectionnements que l'art moderne a su donner aux engins employés à la destruction des animaux malfaisants, grâce surtout aux progrès réalisés dans la fabrication des armes à feu et de leurs projectiles, le nombre de ces animaux a sensiblement diminué. Les loups sont devenus presque rares dans notre vieille Europe, les lions d'Afrique, les tigres du

Bengale, les ours du Caucase et du Spitzberg sont payés bien cher par les fournisseurs de nos ménageries. Les fusils rayés, les fusils à répétition, les balles explosibles auront certes bien raison de nos plus redoutables ennemis, les grands carnivores.

Mais, il existe encore en face de nous une bien terrible armée dans ce monde de petits carnassiers ou frugivores qui nous disputent, sans trêve et sans merci, même au sein des régions les plus peuplées et les plus civilisées, et notre précieux gibier, et les fruits de notre agriculture. Les statistiques peuvent nous dire ce que les loups mangent de moutons dans notre belle France, mais nul ne saurait, même approximativement, calculer les dégâts commis par les renards, fouines, putois, blaireaux, dans nos vignes, dans nos récoltes de toute nature, et dans les rangs de plus en plus décimés des espèces qui composent notre gibier de France !

Quelles armes employer vis-à-vis de ces adversaires invisibles, embusqués le jour derrière des broussailles, dans des fentes de rochers, dans des retraites inaccessibles, ne sortant que la nuit pour se livrer à d'incessants ravages ?.. Que peuvent les fusils les plus perfectionnés, les pièges les plus habilement tendus, les plus savamment composés et qui ne font que de rares victimes ? Le monde des chasseurs, des traqueurs, des agriculteurs, se voit toujours impuissant et toujours harcelé par cette invisible mais redoutable armée d'infiniment petits !

Depuis quelques années pourtant, la science semble nous avoir mis en mains le moyen de nous défendre : le poison, prudemment, habilement manié, paraît nous ménager une victoire complète et définitive. La strychnine, presque exclusivement employée jusqu'ici, a produit de terribles effets dans les rangs ennemis. Mais, si le poison et la strychnine comptent de nombreux adeptes, ils comptent aussi leurs détracteurs. Un des doyens les plus autorisés de la presse cynégétique française, M. Charles Diguet, dans une de ses spirituelles chroniques du *Petit Chasseur illustré*, faisait, tout récemment, le procès de l'empoisonnement des fauves comme dangereux pour la société, et comme compliqué de formules et de pommades odorantes indignes du vrai sport français. Pour lui, le piégeage seul, convenablement pratiqué, devrait être exclusivement adopté. Je n'ai point ici l'intention d'engager une polémique avec le savant chroniqueur ; je laisse aux chasseurs des pays de montagnes et des régions infestées de renards et autres petits carnivores le soin de comparer le résultat de l'empoisonnement et du piégeage. Quant aux dangers allégués, ils peuvent être sûrement évités si l'on pratique les empoisonnements avec la prudence la plus scrupuleuse, et si l'on suit les conseils que je ne cesserai de donner à ceux qui voudront les employer. Un pistolet chargé ne peut être l'objet d'une prohibition générale, mais il ne doit pas être à la disposition des passants et surtout des enfants.

Pour moi, après de longues expériences comparatives, je n'ai trouvé qu'un seul reproche à adresser à la strychnine : sa lenteur d'action, qui fait que le chasseur jouit trop rarement du fruit de ses efforts, et que tout autre que lui recueille de précieuses fourrures, *tulit alter honores.*

J'ai consigné dans le journal de chasse le plus répandu de France *le Chasseur Français*, et dans les numéros de septembre, octobre et novembre derniers, les résultats de mes recherches et de ma pratique dans un département des plus montagneux, et, partant, des plus infestés de sauvagine malfaisante. J'y ai préconisé l'emploi d'une nouvelle méthode d'empoisonnement à l'aide d'un poison liquide à action instantanée et véritablement foudroyante qui permet de ramasser *sur place* l'animal empoisonné. Dès l'apparition de ces articles, il m'est venu, de tous les départements de France et d'Algérie, une telle quantité de lettres me demandant, soit du poison, soit des explications sur la manière de s'en servir, que je me suis trouvé impuissant à répondre individuellement à toutes les demandes. Cette année, en face de nouvelles sollicitations, je me crois obligé de résumer la nouvelle métbode en ces quelques pages imprimées que je dédie spécialement à ceux qu'intéressent la conservation du gibier et la protection de l'agriculture.

Je crois devoir, dans l'intérêt des lecteurs qui n'ont pu prendre connaissance de mes articles publiés dans le *Chasseur Français*, reproduire ces mêmes articles dans le courant de ce travail ; cette reproduction me paraissant devoir me fournir le meilleur moyen de les mettre au courant des particularités et de l'origine de la nouvelle méthode, de la nécessité de sa divulgation, et même d'une réglementation législative spéciale, lorsque viendra le moment de reviser la loi sur la chasse, si incomplète, si défectueuse qui nous régit encore.

Je dois aussi prévenir le lecteur que le nouveau mode d'empoisonnement que je préconise n'est encore qu'à ses débuts, malgré d'incessantes expériences qui, comme je le dis plus loin, remontent à plus de vingt ans. Un seul point reste acquis dans l'emploi du nouveau poison, c'est son action instantanée, et il est certain qu'un globule brisé par la dent de l'animal produit une mort *foudroyante*, comme chacun peut s'en assurer en en faisant l'expérience sur un chien, et de quelque façon qu'on lui fasse *mâcher* le globule qui contient le poison liquide. De même, la façon de faire prendre l'amorce au fauve à empoisonner peut varier avec les climats, les goûts et les habitudes des diverses espèces, comme aussi avec les préférences de chaque chasseur, et de son habileté à confectionner les amorces par tel ou tel procédé de son choix. Un globule glissé et cousu dans le corps d'un petit oiseau produit, dans tels pays et maniés par tels chasseurs, des effets décisifs qui ont été nuls dans tels autres pays et entre les mains de tous autres expérimentateurs ; ici, le saindoux enveloppant l'amorce, celle-ci triomphe constamment ; là, elle échoue complètement, alors que le croûton, convenablement pommadé, réussit invariablement.

Je crois devoir consigner dans ce travail

certaines correspondances intéressantes à ce point de vue de la diversité d'action du poison, et je sollicite à l'avenir les confidences de tous mes correspondants désirant, dans une prochaine édition, publier les résultats d'une sorte d'enquête à ce sujet, et faire profiter le monde des chasseurs de la connaissance des procédés les plus pratiques et les plus fructueux, en tous pays, pour arriver à la destruction la plus complète et la plus prompte possible de nos implacables ennemis.

LES POISONS FOUDROYANTS

CHAPITRE I

L'empoisonnement des renards dans la Lozère.

Extrait du *Chasseur Français*, numéro du 15 septembre 1890.

Arrêté de M. le Préfet du Gard, réglementant l'empoisonnement des renards dans son département. — Vœux du Conseil général de la Lozère, sollicitant vainement la même réglementation. — Établissement d'un système de primes en vue d'encourager l'empoisonnement des renards.

Le département de la Lozère, autrefois un des plus giboyeux de France, est actuellement un des plus dépourvus de gibier. Est-ce à dire que le braconnage ait, dans ce pays, fait plus de ravages qu'ailleurs ? Nullement. Car le vrai braconnier, plus gêné par la présence de brigades de gendarmerie plus nombreuses et par l'application plus rigoureuse des lois existantes, fait peut-être moins de victimes que jadis...

Les hivers ne sont pas plus rudes, les procédés de destruction ne sont pas plus meurtriers. Si les perdreaux sont moins nombreux, ce n'est pas dans les filets des panneauteurs qu'ils ont disparu ; il n'y a pas de panneauteurs dans le pays. Si les lièvres sont devenus presque intraitables, ce n'est pas l'usage du collet presque inconnu ici, qui en a restreint le nombre d'une si triste façon. Mais si lièvres et perdreaux sont rares, les renards, en échange, se sont énormément multipliés, et les reboisements si *nombreux*, si *prospères* de nos montagnes, en leur ménageant des abris impénétrables, assurent à ces ennemis implacables du gibier un triomphe complet et prochain si l'on n'y met bon ordre.

Il y a beau temps que les chasseurs du pays se sont aperçus du danger de cette proportion sans cesse croissante du nombre de renards, amenant fatalement et constamment une proportion toujours décroissante du gibier.

Les pouvoirs départementaux se sont émus de cette menaçante situation, et par une prime de trois francs donnée pendant la saison chaude, et alors que la peau n'a plus de valeur, à tout preneur de renard, on a cru pouvoir enrayer le mal. Mais, hélas ! la mesure était insuffisante, et, à part quelques renards tués à l'affût ou en chasse ordinaire, les fonds votés pour la destruction des renards restèrent sans emploi. Les choses en étaient là, lorsque j'arrivai moi-même au Conseil général, en 1881.

Aimant passionnément la chasse, profondément affligé du spectacle de plus en plus navrant de nos campagnes dépourvues de gibier, puisant dans mon expérience personnelle et ma longue pratique, je proposai une nouvelle réglementation des primes : Je formulai sous forme de vœu certaines dispositions tendant à favoriser l'empoisonnement des renards, seul mode de destruction qui, de l'avis des chasseurs de tous pays, peut amener la diminution, ou même la disparition de nos rusés adversaires.

Le Conseil général entra dans mes vues, et

l'adoption des mesures éditées dans la Lozère, devrait, à notre avis, être suivie de celle des autres départements où règne le même fléau.

Bien plus, la *réglementation de l'empoisonnement des fauves* devrait faire l'objet de déposi- tions législatives spéciales, lorsque les lois sur la chasse seront revisées. Aussi, je n'hésite pas à recourir à la grande publicité du *Chasseur Français* pour provoquer un mouvement d'opi- nion capable d'imposer partout ces mesures qui, comme on le verra dans la suite de cette communication, tendent à produire en Lozère les meilleurs résultats. A ce point de vue, il me semble indispensable de traduire ici, en son entier, le vœu que j'ai émis au sein de l'assemblée départementale qui, l'adoptant, en provoqua l'application par l'autorité adminis- trative.

Conseil général de la Lozère.— Séance du 27 août 1881. *Vœu.*

« Dans sa séance du 9 avril 1880, le Conseil général de la Lozère émit le vœu que la destruction par le poison, des animaux nuisibles, soit autorisée et réglementée dans les reboise- ments et domaines soumis à l'administration forestière, aussi bien que dans les biens com- munaux et les propriétés particulières.

« Un peu plus tard, à la date du 8 octobre 1880, M. le Préfet du Gard, sur la proposition du conservateur des forêts, rendit un arrêté conforme au vœu du Conseil général de la Lozère, en réglementant dans le département, l'usage du poison pour la destruction des bêtes fauves. Nous croyons savoir qu'à son tour, M. le Préfet de la Lozère soumit à l'approba- tion du ministre de l'Agriculture un arrêté analogue à celui de son collègue du Gard, et conçu absolument dans les mêmes termes. M. le Ministre n'a pas cru devoir approuver, dans le département de la Lozère, les mesures prises dans des circonstances identiques, dans un département voisin, alléguant surtout le danger de l'emploi de la strychnine, et a refusé l'approbation de l'arrêté donnant satisfaction au vœu du Conseil général de la Lozère.

« Cette mesure nous a paru d'autant plus étonnante que la strychnine n'est pas la seule substance employée pour la destruction des bêtes fauves et que certains autres poisons, (*amorces foudroyantes*), dont le maniement n'offre aucun danger en prenant les précautions voulues, produiraient en peu de temps la destruction complète des carnassiers nuisibles.

« Nous demandons donc que M. le Préfet veuille bien insister auprès de M. le Ministre afin que le département de la Lozère puisse, comme celui du Gard, employer le seul moyen efficace pour se débarrasser des animaux nuisibles qui pullulent sur son territoire, surtout depuis que les reboisements ont créé des forêts de plus en plus vastes et de plus en plus impénétrables.

« Messieurs, chaque année le Conseil général consacre en primes d'encouragement aux destructeurs de renards une somme plus ou moins considérable. Pour le renard, il est d'usage de n'accorder la prime convenue (3 francs) que pendant les mois où la fourrure de cet animal n'a plus de valeur, et l'on croit ainsi encourager réellement sa destruction pendant la période chaude ou tempérée de l'année. Messieurs, c'est là une erreur commise par ceux qui ne connaissent pas les habitudes de la chasse dans notre département, et c'est une dépense qui, loin d'atteindre le but proposé, c'est-à-dire d'encourager les destructeurs des fauves, devient une véritable prime d'encouragement au braconnage.

« En effet, du mois d'avril au mois de septembre, époque pendant laquelle la chasse est ordinairement fermée, comment tue-t-on le plus souvent le renard ? Si ce n'est à l'affût, au coin d'un bois, ou dans un endroit fréquenté par le gibier, tout autant que par le renard.

. . . .

« Dans ces conditions, le braconnier, le paysan tuent tout aussi bien le lièvre, que vous voulez protéger, que le renard dont vous prétendez encourager la destruction.

« Quant au vrai chasseur qui, dès l'ouverture, parcourt la campagne muni de son permis, a-t-il besoin d'une prime de trois francs pour gratifier d'un coup de fusil un renard qui défile devant lui ? Je vous le demande ?

« La prime accordée dans ces circonstances et à cette époque de l'année est donc inutile ou nuisible aux intérêts que l'on veut sauvegarder. Mais lorsque les froids de l'hiver commencent à sévir, que la neige couvre la campagne, ou qu'un vent glacial a balayé le sol et détruit tous ses fruits, le renard parcourt le pays en affamé pendant les longues et froides nuits. Si alors, une main prudente et habile a placé sur son parcours des appâts empoisonnés, ce n'est pas une victime mais plusieurs que pourra ramasser le traqueur, le lendemain dès l'aube, et si l'expérience se répète quelques autres fois, la région entière est bientôt débarrassée de son hôte le plus dangereux et le plus hardi.

« Mais, hélas ! le prix des fourrures a singulièrement baissé ; une peau de renard se vendait 4 francs, aujourd'hui elle ne vaut guère que la moitié. C'est alors, Messieurs, que si vous donniez aux preneurs de renards, la prime habituelle, alors vous formeriez une véritable légion d'hommes habiles, de spécialistes, de véritables industriels, qui feraient métier de vous débarrasser du plus grand ennemi de nos campagnes et dans deux ou trois hivers on parviendrait sûrement à la destruction complète.

« Je demande donc qu'à l'avenir et à partir de cette année, la prime pour le renard ne soit accordée qu'à partir du 1er décembre jusqu'au 1er avril ; et pour que la chasse au renard ne devienne pas un prétexte pour le braconnage en temps de neige ou en temps prohibé, que tout renard tué au fusil pendant ces temps-là ne soit l'objet d'aucune prime. »

Ce vœu fut adopté, et à partir de 1881, les primes accordées ne l'ont été qu'aux conditions ci-dessus, agréées par le Conseil général de la Lozère.

CHAPITRE II

L'empoisonnement des renards dans la Lozère.

Extrait du *Chasseur Français*, numéro du 15 octobre 1890.

Destruction presque complète des loups dans le département de la Lozère. — Hiver 1871. — Effet des empoisonnements des renards, par la strychnine, dans les cantons de Sainte-Énimie et du Bleymard.

J'ai dit plus haut que l'empoisonnement des renards est le seul mode de destruction capable d'amener leur destruction plus ou moins complète. Cette méthode, que le monde des chasseurs désireux de conserver le gibier, surtout dans les pays montagneux et boisés, ne saurait trop mettre en pratique, cette méthode dis-je, n'est pas moins destructive des autres espèces carnivores qui nous disputent notre juste suprématie.

Les loups, les fouines, les putois et autres fauves qui vivent dans nos climats n'échappent pas à l'action du terrible agent. Combien de fois, n'avons-nous pas vu ramasser presque côte à côte avec les renards empoisonnés, pareil nombre de ces bêtes puantes et malfaisantes.

Quant aux loups, ils étaient nombreux jadis en Lozère, ce pays d'origine de la bête du Gévaudan, qui n'était en somme qu'un grand loup célèbre par sa taille légendaire, sa férocité et ses méfaits. Il nous souvient d'avoir assisté à bon nombre de battues organisées par les gens de l'administration et d'avoir vu défiler devant nous, et de loin, de véritables bandes de ces carnassiers fuyant devant les clameurs forcenées des traqueurs, et les inévitables coups de feu des chasseurs improvisés ?

La louveterie, cette institution respectable et antique qui, comme on l'a dit, n'a été créée que pour la conservation et la multiplication indéfinie des loups, fonctionne encore ici à la grande satisfaction de quelques gradés et galonnés pris dans chaque arrondissement, la louveterie jouit chez nous de paisibles loisirs.

Il y a quelques dix ans, le propriétaire d'un des plus grands domaines du département, M. Barroux, de Mercoire, à la suite d'une grande mortalité qui survînt dans un troupeau de chèvres qu'il avait dans ses immenses forêts, donna le signal de la destruction des loups à l'aide de ses chèvres mortes et convenablement strychnisées. Cet exemple, suivi dans nombre de localités n'a pas tardé à porter ses fruits et a banni de notre territoire son hôte le plus dangereux. Mais revenons au renard, principal adversaire du chasseur dans nos pays, et voyons ce qu'on a fait en Lozère, pour sa destruction au moyen du poison.

L'un des premiers, j'ai pratiqué et fait pratiquer moi-même cet empoisonnement. Dans le courant du mémorable hiver de 1871, habitant au centre de l'un des cantons les plus giboyeux mais les plus accidentés et les plus infestés de renards du département, le canton de Sainte-Enimie, je fis répandre une grande quantité d'appâts empoisonnés dans ces gorges du Tarn, si connues et si fréquentées aujourd'hui des touristes du monde entier ; les victimes furent nombreuses, s'il faut en juger par le nombre de squelettes que l'on a trouvé longtemps après, dans ces sites si grandioses et si difficilement abordables. Mais, comme à cette époque, je n'employais que la strychnine, le nombre des renards trouvés ne dépassa guère la douzaine quoique, suivant l'expression pittoresque et tant soit peu hyperbolique d'un témoin : « le Tarn en charriât autant que de feuilles mortes ! » Notons en passant, que la strychnine, qui souvent est loin d'être prompte, pousse les renards vers les cours d'eau où ils tombent roidis et tétanisés. Quoi qu'il en soit, les heureux résultats de cet empoisonnement général ne furent point douteux puisque le canton de Sainte-Enimie est resté le fournisseur en lièvres succulents et en magnifiques bartavelles du chef-lieu du département, déjà tributaire de ses excellentes truites, et puis qu'on ne voit presque plus de renards dans ces horribles mais sublimes solitudes.

Les hivers suivants, je m'appliquai à dresser dans nombre de communes du département où j'avais des relations cynégétiques et notamment dans le canton de Bleymard, je dressai, dis-je, de véritables bandes d'empoisonneurs de renards qui firent un nombre considérable de victimes mais qui récoltèrent peu de fourrures, à cause de la lenteur d'action de la strychnine que j'employais en ce temps-là. Grâce à une centaine d'amorces envoyées, il y a six ans, au Bleymard, cette commune est devenue le rendez-vous toujours giboyeux des chasseurs Mendois, alors que les communes environnantes sont, plus que jamais, dépourvues de gibier.

Enfin, dans ces derniers temps, les chasseurs du département, témoins de résultats si éloquents, faisant appel à un sentiment de solidarité mutuelle, se liguant contre l'ennemi commun, se sont constitués en associations, en véritables syndicats, en vue de l'empoisonnement des renards, comme principale mesure de conservation du gibier. Il s'est formé à Mende, notre résidence, une Société dite des *Chasseurs Lozériens*, qui fait les frais du poison employé et donne, sur ses fonds particuliers, des primes qui, s'ajoutant aux primes fournies par le département, sont un puissant stimulant pour les preneurs de renards. A Florac, chef-lieu d'arrondissement, on fait, chaque hiver, des quêtes pour l'achat du poison.

Dans un prochain article, je dirai comment on pratique et comment on doit pratiquer ces empoisonnements pour qu'ils soient féconds en victimes et surtout en fourrures, dernière condition qui double l'attrait de cette chasse si utile à la conservation et à la multiplication du gibier.

CHAPITRE III

L'empoisonnement des renards dans la Lozère.

Extrait du *Chasseur Français*, numéro du 15 novembre 1890.

Insuffisance et inconvénients de la strychnine, sa lenteur d'action. — Application d'une nouvelle méthode d'empoisonnement.

La méthode employée en Lozère pour l'empoisonnement des renards à l'aide de la strychnine, ne diffère point de celle employée en tous pays. C'est généralement dans une boule de graisse ou de beurre qu'on met la quantité de poison nécessaire pour amener la mort de l'animal. On fait *la traînée* avec un morceau de viande quelconque, viande flambée et convenablement barbouillée avec une pommade spéciale composée de graisse de porc mélangée de miel et fortement camphrée, quelques croûtes de pain desséché et semblablement pommadées sont, de temps en temps, déposéessur le sol par le traqueur et servent d'appâts au renard qui mange sans méfiance les amorces empoisonnées après avoir impunément savouré les succulents croûtons.

L'effet de la strychnine est toujours mortel, mais le temps que met à mourir l'animal empoisonné est souvent fort long ; c'est à une distance de plusieurs kilomètres que l'on trouve parfois les victimes. Un chien qui, sous nos yeux, avait avalé 25 centigrammes de strychnine bien fraîche et parfaitement pure, ne mourut que le lendemain !...

Ces effets lents de la strychnine sont dus uniquement au peu de solubilité de ce poison qui met un temps relativement long pour se dissoudre dans l'estomac, surtout quand cet organe se trouve occupé par des aliments antérieurement ingérés.

Les poisons liquides et solubles sont seuls rapidement absorbés, non seulement par l'estomac, mais encore par la muqueuse de la bouche et produisent alors des résultats véritablement foudroyants. Mais comment faire absorber un de ces poisons liquides par le plus méfiant et le plus rusé des animaux ? Comment dorer suffisamment la pilule à ce roué compère? Des globules en verre, diversement enveloppés, enrobés, comme on dit en pharmacie, et renfermant un poison soluble et liquide, ont été essayés et employés par moi avec des résultats souvent peu encourageants. Le remplissage, le bouchage de ces frêles globules n'a pas été chose facile et pratique. Une des plus grandes difficultés de l'entreprise consiste dans le degré de résistance que les parois du globule doivent opposer aux dents de l'animal pour qu'il ne puisse faire éclater le verre qu'avec les dernières molaires ; le liquide se répandant alors dans la bouche, la mort devient instantanée.

Si les parois du globule doublées de leur alléchante et cassante enveloppe, ne présentent pas une dureté suffisante, le renard, prenant l'amorce avec les incisives, la brise prématurément et le liquide se répand sur le sol en dehors de la bouche de l'animal qui se retire sain et sauf. Si les parois sont au contraire, trop résistantes, le quadrupède rejette cette masse pierreuse et suspecte, ou finit par l'avaler intacte, si la faim le pousse par trop, et dans l'un et l'autre cas, le coup est encore manqué. Un juste milieu dans la dureté des parois est difficile à trouver, et mes expériences, qui datent de longtemps, ont souvent échoué pour cette cause en apparence peu importante.

Enfin, dans ces derniers temps, et après des années d'efforts patients et maintes vicissitudes diverses, j'en suis arrivé à une formule définitive qui évite sûrement les anciens ratés et a donné, l'hiver dernier, notamment, les plus étonnants et les plus concluants résultats.

La nouvelle méthode d'empoisonnement des renards ne diffère de l'ancienne que par l'amorce qui remplace la strychnine. Quant à la formule de la nouvelle amorce elle a été confiée à mon pharmacien de Mende qui demeure chargé de la préparation et de la livraison du nouveau poison, sur le vu d'une ordonnance que je délivre aux personnes qui m'en font la demande. Encore quelques hivers, et le sol lozérien sera entièrement purgé de ces terribles destructeurs du gibier que les vastes reboisements exécutés par l'Etat avaient multipliés dans de si menaçantes proportions. Il nous reste à renouveler le vœu que nous émettions au début de ce travail et de souhaiter une fois encore, que les Chambres veuillent bien, dans la réforme que l'on dit prochaine de la loi sur la chasse, réglementer et faciliter l'exercice de l'empoisonnement des bêtes fauves singulièrement gêné par les lois existantes, au grand détriment du gibier qui tend de plus en plus à disparaître en France si on n'avise au plus tôt.

CHAPITRE IV

Mes premières armes dans l'art de prendre les renards. — Histoire de Jean Pierret le piégeur. — Piégeage très pénible et peu fructueux. — Résultats des empoisonnements. — Méthode nouvelle.

J'ai beaucoup connu jadis et beaucoup fréquenté à Sainte-Enimie, mon pays de naissance, un illustre piégeur de renards du nom de Jean Pierret, qui était bien le roi des piégeurs de la région, en ces temps de royauté de Louis-Philippe. Il me souvient qu'étant enfant, Jean Pierret me payait souvent le jeu des petits chevaux avec ses renards qu'il prenait parfois vivants. Un jour même, il lui prit fantaisie de m'offrir une promenade en voiture traînée par quatre de ces vigoureux coursiers, soigneusement attelés, solidement ficelés !!... Plus tard, étant adolescent, Jean Pierret me prit pour confident, je le pris pour *porte-halte*.

Je pénétrai ainsi tous les mystères de son art et j'appris même le secret de ses fameuses pommades qui, disait-on, le faisaient suivre de tous les renards du canton.

A sa mort, qui fut prématurée, j'héritai de *ses fers*, moyennant finances, et muni des célèbres traquenards, je m'essayai moi-même dans l'art difficile de tromper et de prendre le renard. Mais hélas, quel funeste héritage je fis là !... Que de longues heures à perdre dans la journée, pour dérouiller, frotter, astiquer et, pommader les fameux fers !... Que de terribles froids à essuyer, le soir, pour creuser la terre durcie par la gelée et recouvrir proprement le piège, suivant les règles de l'art !... Un homme suffisait à peine à l'entretien et au maniement d'un seul traquenard !...

Dix ans après je m'aperçus avec satisfaction que, dans une seule matinée, je cueillais avec le poison, plus de fourrures, que je n'en cueillais avec le traquenard pendant plusieurs hivers... Décidément, Jean Pierret fut plus qu'un grand homme : il fût un glorieux martyr... du piégeage !...

Si je narre ici les exploits de mon illustre ami, c'est bien pour rappeler que les procédés, les formules, les croûtons, les pommades du piégeur sont bien les mêmes pour l'emploi du poison, à cette différence près, qu'au lieu d'un seul piège, un homme, en un jour, peut en tendre cent !...

Je donne ici et sans plus tarder la formule de la pommade à Jean Pierret :

Prenez :

Graisse de porc fraîchement tué, 500 grammes.

Faites fondre dans une casserole de terre neuve.

Ajoutez :

Oignon blanc coupé en tranches ;

Pomme reinette coupée en tranches.

Chauffez jusqu'à demi-cuisson et ajoutez :

Miel vierge, 50 grammes.

Laissez tiédir le mélange et ajoutez :

Camphre en poudre, 15 grammes.

Huile d'anis, 3 gouttes.

Essence de lavande, 3 gouttes.

Agitez avec une spatule en bois et mêlez intimement.

Nous devons à l'obligeance d'un de nos honorables correspondants, M. Hazard, ancien brasseur à Monthermé (Ardennes), la formule bien plus complexe d'une autre pommade qui a grande vogue parmi les tendeurs des Ardennes Française et Belge. Cette pommade est si bonne, nous dit M. Hazard, que, l'hiver dernier, son tendeur empoisonna deux renards avec une seule de nos amorces foudroyantes préparée avec la susdite pommade. En effet, le tendeur ayant trouvé un renard mort à côté d'une amorce percée d'un seul petit trou produit par une canine de la bête, et ne sachant que faire de l'amorce ainsi avariée, ne trouva rien de mieux, pour prévenir un accident, que de l'enfouir sous terre à 0,30 centimètres de profondeur dans une taupinière. Quelques jours après, on trouva non loin de celle-ci, un second renard mort qui, alléché par l'odeur de l'amorce enfouie, l'avait déterrée et croquée. Après un tel exemple, ne doutons pas que la formule employée par les tendeurs des Ardennes ne soit merveilleuse ; la voici telle que nous la donne l'honorable M. Hazard :

Prenez :

Graisse de porc fraiche, 500 grammes.

Chauffez comme il est expliqué ci-dessus.

Ajoutez :

Anis vert, 25 grammes.

Poudre d'iris, 5 grammes.

Fenigue, 5 grammes.

Galbanum, 3 grammes.

Angélique, 10 grammes.

Faites cuire pendant 25 à 30 minutes et ajoutez :

Oignon blanc en tranches que l'on fait roussir.

Retirez du feu et filtrez, après avoir ajouté une cuillerée à bouche de miel.

Quand le mélange est prêt de se refroidir ajoutez :

Castoreum 1 gr. 50 centigrammes.

Musc, 0 gr. 05 centigrammes.

Camphre, 30 grammes.

Huile d'anis et d'aspic, 3 gouttes de chaque.

Ces pommades et d'autres, usitées ailleurs, dont il est inutile de donner la formule, ont toutes pour principes odorants le camphre et l'anis. Elles servent à oindre la viande destinée à faire *la traînée*, les croûtons et les débris de viande que l'on sème sur le passage présumé du renard pour l'allécher et l'engager à prendre l'amorce empoisonnée.

Je n'oublierai pas de noter qu'il faut soigneusement renfermer à l'abri de toute émanation humaine, les pommades, les amorces et viandes destinées aux empoisonnements. Le meilleur moyen est de renfermer le tout dans des vessies de porc préparées et ramollies en forme de blagues à tabac. Notons encore, en parlant de tabac, que renards, fouines, etc., n'aiment pas les fumeurs, et qu'il faut leur épargner autant que possible l'odeur de la pipe, voire même du cigare et de la cigarette. Quant aux amorces elles-mêmes, on peut les composer de différentes façons, et nos divers correspondants nous en ont fait connaître de nouvelles que nous publions ci-dessous, conjointement avec celles dont nous avons fait nous-mêmes la longue et fertile expérience.

CHAPITRE V.

Composition de nos globules. — Principales manières de les envelopper pour faire l'amorce. — Lettre de M. Fernand d'Hébrard.

Nos globules à poison liquide, produisant un effet instantané et foudroyant quand ils sont *mâchés* par l'animal à empoisonner, sont composés d'un petit globe en verre creux, de forme généralement ronde, d'un centimètre à deux centimètres de diamètre suivant la taille des animaux auxquels on les destine. Ils sont soigneusement bouchés et entourés d'une couche rugueuse, opaque et cassante, destinée à les préserver des fâcheux effets de la lumière sur le poison qu'ils renferment, à empêcher le glissement de la dent de l'animal, et à renforcer les parois de verre qui doivent être minces et fragiles.

Ces globules seront soigneusement conservés à l'ombre et au frais; on doit même éviter de les tenir trop longtemps entre les doigts de peur de provoquer l'expansion du gaz et du liquide qu'ils contiennent, qui les ferait se casser et se vider de leur contenu. Ces globules ainsi composés ne forment que la partie centrale de l'amorce dont la partie extérieure doit être formée d'éléments qu'affectionnent de préférence les animaux que nous voulons détruire.

Le croûton, ou morceau de pain desséché et recouvert de l'une des diverses pommades que nous connaissons, forme l'amorce la plus usitée. Il est difficile de loger convenablement le globule dans un de ces morceaux de pain durci ; aussi tournant la difficulté, j'use d'un procédé particulier qui réussit facilement, et que j'indique ici. Prenez un morceau de pain très frais du volume d'une noix ; aplatissez cette pâte en une large plaque et revêtez-en le globule en donnant à la masse une forme oblongue et en fuseau, pour que l'animal soit obligé de mâcher avant d'avaler. Faites sécher l'amorce ainsi faite à l'air extérieur et à l'ombre, et ne vous en servez que lorsque ce pain sera devenu dur et cassant. Ce genre d'amorce, pour être bien faite, demande une certaine habitude; si l'on n'a pas le *tour de main* nécessaire on ficèle la pâte avec un cordon qu'on enlève lorsque l'amorce est suffisamment durcie, et que l'on revêt d'une forte couche de pommade avant de s'en servir.

Graisse : prenez des plaques de saindoux ou même de lard frais, enveloppez soigneusement le globule en ayant soin de donner toujours la forme oblongue et en fuseau ; pommadez cette amorce comme la précédente et servez-vous encore de croûtons pommadés pour allécher le renard, et les lui faire savourer avant d'attaquer l'amorce empoisonnée.

Suif : faites fondre une quantité suffisante de suif ; faites tiédir, et au moment où il va se prendre en masse, plongez rapidement le globule dans le liquide à demi figé et replongez-le immédiatement dans l'eau froide ; à mesure qu'une couche est formée vous en provoquez une seconde, en renouvelant la manœuvre, et successivement, jusqu'à ce que vous ayez formé une amorce du volume d'une noix ou même d'un œuf de poule, pour le renard.

M. Harter jeune, constructeur mécanicien à Colombey-les-Deux-Eglises (Haute-Marne), nous écrit qu'il a constamment réussi avec le suif, et par le procédé suivant :

Il fond le suif dans un coquetier (un de ces ustensiles dont on se sert pour manger les œufs à la coque). Ayant fait une autre moitié d'œuf de la même manière, il fait, à l'aide d'un fer rouge, la place du globule dans l'une et l'autre de ces deux hémisphères, soude les deux, à l'aide du même fer rouge, et obtient ainsi une sorte d'œuf de poule que le renard croque très bien, dit-il, dans le pays qu'il habite. Si M. Harter a réussi dans le département de la Haute-Marne, ses imitateurs peuvent réussir, je crois, ailleurs.

La réussite de ce procédé nous démontre qu'il ne faut pas craindre de donner à l'amorce une masse assez volumineuse pour que l'ani mal ouvrant fortement la bouche, le globule soit écrasé par les dernières molaires, et non simplement pincé par les dents de devant.

Viande ; hâchis de viande. On peut aussi se servir d'un morceau de viande quelconque pour envelopper le globule. En ce cas, il faut ficeler avec un fil mince et peu apparent, le globule dans le morceau de viande, en lui donnant la forme oblongue indiquée.

Toute viande peut être bonne, je crois ; mais le foie de bœuf fait très bien. Inutile de dire qu'il faut pommader fortement pour cacher le fil et donner au morceau l'odeur voulue. J'ajouterai que quand on emploie la viande pour amorcer, il convient de semer la piste de débris de chair et non des croûtons.

Dans les Ardennes, nous raconte M. Hazard, de Monthermé, on recouvre nos globules d'un hâchis de viande mélée avec la pommade précitée ; le tout forme une amorce très goûtée du renard. Dans ce pays on ne fait pas de *traînée* ; mais on ne pose le poison qu'après avoir attiré le renard en certains endroits, en y déposant

deux ou trois jours à l'avance, des débris de
viandes de toutes sortes, des morceaux d'oreilles
de porc, etc...

En général, cette précaution de répandre les
appâts quelques jours à l'avance, pourrait dis-
penser de *la traînée* pour toute espèce d'amorçage ; mais tandis qu'une soirée suffit pour faire
un empoisonnement, en faisant *la traînée*, il
faut attendre plusieurs jours le résultat, quand
on n'en fait pas, et passer plusieurs fois pour
renouveler ou visiter les appâts.

Figues sèches : un de nos amis, des bords du
Tarn, qui se servait de la figue pour piéger le
renard, l'a employée aussi pour amorcer notre
globule empoisonné. Il ouvre la figue dans ses
deux tiers supérieurs en la fendant suivant son
plus grand diamètre, et fait ainsi deux valves,
et une large poche où il enferme le globule. Il
coud les deux valves par des points de suture le
moins apparents possible, et pommade en outre
la figue de telle façon que le fil est invisible et
l'amorce engageante. Cet amorçage par la figue
permet d'employer une pommade peu dange-

reuse pour les chiens, composée comme les pommades précédentes, mais dont la graisse est complètement exclue, n'ayant que le miel seul pour véhicule. Comme le chien aime peu la figue, il aime bien moins le miel et les drogues dont il est parfumé, er ne risque pas de manger la fatale amorce.

Oiseaux : dans le courant de l'année, ayant eu l'occasion d'envoyer à plusieurs reprises des boîtes de poison à M. Fernand d'Hébrard (Château de Torcy, par Fruges, Pas-de-Calais), j'ai crû devoir, tout récemment, lui demander son opinion sur la manière dont il s'en était servi et les résultats qu'il en avait obtenus. Je crois devoir reproduire textuellement sa lettre pour l'édification du lecteur au sujet des divers procédés qu'il a expérimentés, et surtout, de l'amorçage par l'oiseau dont il s'est servi si ingénument et si avantageusement.

M. Fernand d'Hébrard nous écrit de Corse, où il est présentement en villégiature :

« Bastia (Corse), 16 octobre 1891.

« Monsieur,

« Je suis heureux de vous faire part, des résultats obtenus par vos amorces foudroyantes dont j'ai été très satisfait.

« A mon avis, elles l'emportent sur tous les poisons essayés jusqu'ici.

« Je m'en suis servi sous quatre formes :

« 1° La boulette de graisse de porc ;

« 2° Le chat fraîchement tué revêtu de sa peau et coupé en morceaux ;

« 3° La souris ou le rat ;

« 4° L'oiseau.

« La boulette ne m'a pas donné de très bons résultats ; l'essence d'anis, le camphre, etc., dont on l'assaisonne, inquiètent le renard au lieu de l'attirer, il ne connaît pas ces odeurs (1).

_____

(1) Le chat non plus ne connaît pas la valériane, et cependant il raffole de l'odeur de cette plante. Un de nos amis, pharmacien, imbibant ses chaussures d'une forte décoction de valériane, et se promenant dans les rues, se faisait suivre par tous les chats du quartier, et les conduisait dans son officine où il leur jouait les tours les plus amusants !... (*Note de l'Auteur.*)

« Le chat fraîchement tué, que je trouve excellent pour tendre les pièges; ne vaut pas grand'chose comme amorce, car souvent le renard l'emporte au loin.

« Le rat est détestable, la souris a quelquefois réussi, mais elle n'a pas le bon fumet de l'oiseau ; le moineau, à mon avis, est l'amorce idéale.

« Il attire peu les chiens, n'est pas trop visible, pour le passant, et il fait les délices du renard, du chat, du putois, de la fouine et de la belette, par conséquent de tous nos pires ennemis.

« Comme composition vos amorces sont parfaites et la sthrychine ne se vendra plus dès qu'elles seront mieux connues. Elles tuent absolument sur place, il suffit que l'animal mâche sa proie ou se contente seulement de la serrer pour que le résultat se produise aussitôt.

« Permettez-moi quelques exemples entre cent.

« Un chat sauvage, manqué au piège plusieurs fois, continuait ses dévastations dans

mon bois, malgré les assommoirs, les boîtes, les
pièges avec oiseaux vivants, etc. Je mis un seul
moineau à l'endroit où il gagnait son poste, il
voulut s'en emparer au passage, mais il l'avait
à peine serré entre ses dents qu'il expirait ; la
proie restait presque intacte. Une fouine dans
les mêmes conditions eut le même sort.

« Mais le renard est surtout victime de votre
invention : l'hiver il saisit même les boulettes
de graisse de porc, que je critique au début de
cette lettre ; j'en ai trouvé à cinq pas de l'endroit où ils l'avaient prise.

« Au printemps, j'ai obtenu avec des oiseaux
des résultats plus merveilleux encore.

« Plusieurs renards descendaient tous les
soirs de mon bois pour s'offrir quelques vo-
lailles de leur goût ; on retrouvait, chaque
jour, des restes emplumés. Je tuai deux moineaux, les ouvris par le milieu, retirai leurs
intestins en les remplaçant par une de vos
amorces, je m'étais préalablement frotté les
doigts avec des feuilles mortes et de la terre.
J'avais recousu les oiseaux avec soin et lissé

leurs plumes. Ils furent placés tous les deux sur le passage des renards ; le résultat ne se fit pas attendre. Dès le lendemain matin, montant au bois avec le garde, je trouvai mes deux amorces enlevées et dans un rayon de dix mètres un renard et sa femelle avaient absorbé leur dernier repas.

Votre composition a sur toutes les autres, les avantages suivants : 1° Etant liquide ses effets sont absolument instantanés : résultat que la strychine ne donne jamais ; 2° Elle est trop grosse pour que l'animal puisse l'avaler sans la briser ; 3° Son enveloppe de verre très fin empêche tout raté ; 4° Elle peut, à l'opposé de la strychnine, s'employer plusieurs fois quand on use des précautions nécessaires. J'ai utilisé la même amorce dans six oiseaux différents que la chaleur avaient gâtés tour à tour ; donc, supériorité et économie !

« J'ai remarqué qu'il fallait absolument employer des moineaux très frais ; au bout de deux jours ils ne valent plus rien.

« Quand on les place, les gants sont inutiles,

il suffit de s'être d'abord frotté les mains avec des feuilles mortes, de la terre, de la mousse, etc.

« Je recommanderai à ceux qui voudront m'imiter, de plumer légèrement le moineau sur le dos pour semer les plumes autour de l'amorce, ils attireront ainsi l'attention des mordants qui passent.

« On peut aussi pour les fouines, putois et chats qui touchent délicatement leur proie, et aiment à la traîner plus loin, attacher les oiseaux à des petites branches par des ficelles assez longues.

« J'arrive souvent par ce moyen à faire manger l'amorce sur place et on retrouve le voleur à l'endroit même du repas.

« Veuillez, Monsieur, recevoir mes salutations les plus empressées.

« Signé : FERNAND D'HÉBRARD.

« Actuellement poste restante à Bastia pour trois mois ».

Nous n'avons rien à ajouter à la lettre si explicite et si autorisée de M. Fernand d'Hébrard, dont beaucoup de nos lecteurs connaissent la haute compétence dans l'art cynégétique. Nous ne pouvons rien dire sur la question du petit oiseau comme amorce de nos globules ; nous n'avons pas fait, à ce sujet, des expériences suffisantes pour juger nous-mêmes cette question. Nous devons nous borner à lui exprimer ici nos plus sincères remerciements pour les renseignements si précieux qu'il a bien voulu nous donner, et les éloges si chaleureux, mais pourtant mérités qn'il veut bien faire de notre poison dont chacun peut vérifier et contrôler toutes les qualités qu'il signale.

Je ne terminerai pas ce chapitre relatif à l'amorçage, sans répondre d'avance à une question que bon nombre de personnes peuvent m'adresser au sujet de la préférence à donner à tel ou tel système d'amorce, et je dirai que jusqu'à plus ample informé, la graisse et le croûton ont à notre connaissance donné les meilleurs résultats. Je n'en veux donner d'autres preuves qu'un fait tout récent et qui me paraît concluant : c'est qu'avec ce genre d'amorces, mon fils, encore au collège, prît, l'hiver dernier, pendant les vacances du carnaval et en trois matinées, dix-sept renards et trois fouines dans les environs de Mende, comme l'attestent les registres de la Société des *Chasseurs Lozériens* où ils ont été inscrits.

CHAPITRE VI

Empoisonnement des loups, hyènes, chacals, blaireaux. — Empoisonnement des corbeaux, corneilles, pies et de tous les oiseaux granivores malfaisants, par grains de blé imbibés de poison foudroyant.

J'ai dit pourquoi et comment les loups avaient presque disparu du sol lozérien ; de temps en temps pourtant on signale l'apparition de quelques-uns de ces fauves. Mais jusqu'à présent les circonstances ne m'ont pas permis d'essayer sur aucun d'entre eux l'action foudroyante de mon poison liquide. Actuellement, je suis à l'affût d'une occasion, et me promets, le cas échéant, de tenter l'expérience. Je suis persuadé qu'un globule glissé dans un morceau de viande et ficelé dans les conditions indiquées plus haut, ne manquerait pas de traiter le loup comme un simple et vulgaire renard. Mais comme le grand carnivore est peu friand de miel plus ou moins parfumé, on ferait mieux d'enduire amorces et appâts ainsi que la traînée, de sang frais, ou bien de fumier en décomposition et de préférence de fumier de cheval que le loup mange volontiers.

Je fais ici appel à l'expérience des chasseurs des pays qui ont encore du loup ; nous relaterons l'an prochain les résultats qu'ils me signaleront.

Je crois bien aussi qu'en Afrique, on pourrait détruire par le même procédé et hyènes et chacals, tous animaux grands amateurs de chair morte. Je reçus, l'an dernier, d'un peu partout de l'Algérie des demandes de poison ou de renseignements que je crus satisfaire en envoyant les globules demandés et en recommandant les systèmes qui nous réussissent le mieux ici et que j'appellerai la méthode française.

Malheureusement, j'ai su depuis que les pommades odorantes et les procédés de Jean

Pierret avaient été peu du goût des fauves de ces climats si différents du nôtre. Comme je suis en relations suivies avec plusieurs chasseurs de notre colonie, j'ose espérer que dans la campagne prochaine, suivant les indications nouvelles, ils ne pourront que me signaler de meilleurs résultats.

Quant au blaireau, grand ravageur de vignes, de vergers, de prairies et de jardins, nous le prendrons aussi par ses côtés faibles en favorisant ses goûts bien connus pour les noix, les figues, les carottes.

Une noix bien partagée à la jonction de ses deux coquilles, soigneusement vidée de son contenu que l'on remplace par un globule que l'on mastique et que l'on rejointe avec du ciment prompt, noix placée au milieu d'autres noix, non empoisonnées, aux abords de ces sentiers battus qu'ils suivent constamment, une noix ainsi préparée, ainsi disposée, ne peut que sûrement terrasser le sournois et rusé plantigrade.

Une figue peut aussi le trahir, figue finement

cousue comme pour le renard, mais barbouillée de colle faite avec de la farine fortement sucrée pour mieux cacher les sutures et mieux allécher l'animal.

Une carotte également, si l'on sait bien cacher et fixer un globule dans son intérieur à l'aide de petites et minces chevilles de bois que l'on s'efforce de rendre aussi invisibles que possible, et que l'on place au milieu d'autres inoffensives carottes.

L'emploi de la noix, de la figue, réclame une grande prudence de la part de ceux qui s'en servent. Elles doivent être placées bien tard, au crépuscule, et levées dès l'aube, car ces appâts sont particulièrement dangereux pour les passants et surtout pour les enfants.

Ce que je dis pour ce genre d'amorces se rapporte à toutes les autres qui, sous aucun prétexte ne doivent rester exposées le jour sous peine de courir de dangereuses aventures dont le tendeur serait personnellement responsable.

N'imitons pas certains amateurs des environs

de Mende qui laissent sur place, toute une saison, des amorces empoisonnées !...

Et dire qu'il n'est rien arrivé de désagréable à ces imprudents !... Quelques chiens errants ont cessé de courir la campagne et de nuire au gibier... C'est tout, mais en sera-t-il toujours ainsi ?... On ne saurait être trop prudents dans l'usage et le maniement des poisons Nos globules n'échappent pas à cette règle générale.

Nous avons dit qu'il fallait éviter de tenir trop longtemps les globules dans les doigts de peur que la chaleur de la main ne les fasse se casser.

Si cet accident survenait, pour cette cause ou pour toute autre, si même le liquide se répandait sur les mains, il n'y aurait aucun danger à craindre, s'il n'y avait aucune écorchure, aucune solution de continuité sur la partie ainsi mouillée, car le poison n'est absorbable que par la peau dépourvue de son épiderme ou par les muqueuses. Aussi, je ne saurais trop recommander de manier les globules de loin et hors de toute atteinte des yeux et de la bouche et de tenir les mains gantées si l'on observait sur elles quelque écorchure et même de simples gerçures.

En dehors de ces circonstances, le maniement des globules n'offre aucun danger.

Ces engins sont de véritables armes perfectionnées que je mets entre les mains des chasseurs pour exterminer infailliblement et facilement leurs implacables ennemis, les fauves ; mais si certains ne savent ou ne veulent se servir prudemment de ces armes nouvelles, ils peuvent se blesser eux-mêmes comme se blessent avec des armes à feu les mieux confectionnées les imprudents, les maladroits et les malavisés.

Pour résumer ce qui précède, je dirai que l'usage de nos globules, par cela seul que le poison se trouve en vase clos soigneusement renfermé, présente moins de dangers que celui des autres poisons et surtout que la strychnine dont les effets pour être lents n'en sont pas moins mortels.

Je dois dire aussi, avant de terminer ce travail, que j'ai fait un nouveau pas vers le but que je me suis depuis si longtemps proposé, la destruction des animaux nuisibles, en forgeant une nouvelle arme contre des animaux non moins redoutables dans leurs déprédations que les mammifères dont nous venons d'entretenir le lecteur. Je veux parler des oiseaux nuisibles de nos climats, le corbeau, les corneilles, la pie, etc., dont chacun connaît les méfaits.

Dans les gorges du Tarn et dans des retraites inaccessibles, naissent, vivent et meurent dans leur longévité proverbiale, d'innombrables bandes de corneilles grises dont les dégâts complètent la ruine des habitants de ces régions déjà si éprouvées par le phylloxéra.

La corneille grise, à l'inverse de la corneille aux pattes rouges que l'on voit aussi dans ces pays, et qui se nourrit principalement d'insectes, s'attaque, elle, presque exclusivement aux grains et aux fruits. Non seulement les diverses espèces de céréales, les raisins, les cerises, les poires, les pommes et pommes de terre sont ravagées par la corneille grise. Mais l'amande, qui fait un des principaux produits de la contrée, n'échappe pas au bec du terrible oiseau. Il faudrait voir comment ce malfaiteur sait choisir le moment où l'amande est encore tendre et à demi formée pour la transpercer et la vider de son contenu !... Tout récemment nous avons mis en mains d'un grand nombre de cultivateurs, certains grains imprégnés de poison foudroyant dont ils doivent se servir pendant les plus grands froids de l'hiver spécialement favorables pour ce genre d'empoisonnement.

Nous dirons prochainement les effets d'un poison dont le maniement, à l'inverse du poison destiné aux mammifères, ne présente de danger que pour les poulets et autres hôtes de basse-cour qui, morts de l'ingestion de ce poison, pourraient bien cesser d'être succulents et même comestibles.

A propos de cette question de la comestibilité des animaux empoisonnés par nos produits, je dois mentionner la réponse que je faisais à quelques-uns de mes correspondants qui me demandaient si les renards foudroyés par nos globules pourraient être mangés par certains consommateurs plus ou moins amateurs de leur chair. Il paraîtrait que dans certains pays la chair d'un renard vaudrait couramment plus de trois francs.

Ne nommons pas ces pays, de peur de porter ruine chez d'intéressants industriels tirant grands profits des saucissons de Lyon ou des jambons de Mayence. Nous avons dû répondre aux intéressés que les poisons dont nous nous servions étaient de ceux qui, convenablement *dilués*, produisent plutôt du bien que du mal, et qu'ils sont à ce titre couramment employés en médecine ; mais que *concentrés*, ils ont une action aussi néfaste que soudaine. Nous avons ajouté que nous n'avions fait à ce sujet aucune expérience concluante, expérience qu'ils pourront faire du reste eux-mêmes en faisant avaler à des chiens ou tous autres carnivores des morceaux de renards ainsi empoisonnés et préparés au goût des animaux *témoins*.

Je sais bien que des arbres *fumés* par moi avec des renards strychnisés ont rapidement péri, mais je ne sais l'effet du poison de nos globules à ce sujet, et fais là-dessus toutes réserves.

Il me reste à traiter des conditions de fabrication et de livraison de notre poison. Je dirai, sans détour, que je n'aurais pas mieux désiré que de me décharger entièrement, sur mon pharmacien de Mende, du soin de la confection et de la délivrance de nos globules; mais la loi est formelle: les poisons et les substances dangereuses ne peuvent être délivrées que sur ordre ou ordonnance du médecin. Ces dispositions ne me permettent point de me désintéresser complètement de ce détail, voire même de ce commerce, et je suis condamné, si je veux rendre service à nos confrères en saint Hubert à rester constamment en correspondance avec eux, soit pour délivrer le poison soit pour l'établissement indispensable de l'identité de chaque correspondant. Ces circonstances, de force majeure, m'ont engagé à m'affranchir de l'intervention et des bons offices de mon pharmacien, et puisque avec lui ou sans lui je reste le fournisseur du poison, j'ai préféré simplifier mon rôle et m'assurer personnellement de la bonne confection des globules en les faisant préparer sous mes yeux par un personnel spécial et soigneusement dressé à ce genre de manipulation.

J'aurais aussi voulu pouvoir faire vendre nos globules à des conditions de bon marché qui, aidant à leur vulgarisation, auraient plus tôt atteint le but: la destruction de nos ennemis; mais les éléments composant le poison, en outre de leur prix élevé, demandant les précautions les plus minutieuses et qui ne sont pas sans danger, augmentent ainsi le prix de la main-d'œuvre; sans compter que la poste ne se chargeant pas du transport des poisons liquides, nous avons dû recourir au chemin de fer et expédier en quantités relativement considérables pour éviter des frais exagérés par de trop petits colis; toutes circonstances qui nous empêcheront d'atteindre au bon marché, que, dans l'intérêt des chasseurs, j'aurais ardemment desiré.

Nous ne pouvons donc expédier que des boîtes contenant au minimum dix-huit globules et pour le prix de dix francs soixante centimes, rendues franco en gare la plus proche du destinataire. Pour des envois plus considérables, et qui concerneraient toute association de chasseurs, leur importance permettrait des conditions particulières plus avantageuses, que nous établirons de gré à gré.

En tout cas, le poison ne sera délivré que sur le vu d'une demande à signature légalisée par le maire de la commune où réside le demandeur.

Mâcon, Imp. X. Perroux et C⁽ⁱᵉ⁾.

www.ingramcontent.com/pod-product-compliance
Lightning Source LLC
Chambersburg PA
CBHW070823210326
41520CB00011B/2092